spot

ANIMALES DEL OCÉANO

LOS DRAGONES DE MAR

por Mari Schuh

AMICUS | AMICUS INK

aletas foliáceas

púas

Busca estas palabras e imágenes mientras lees.

hocico

huevos

¿Eso es una planta?
No. ¡Es un dragón de mar!

Mira las aletas foliáceas. Parecen hojas de plantas. Este dragón de mar tiene muchas aletas. Algunos tienen solo unas pocas.

aletas foliáceas

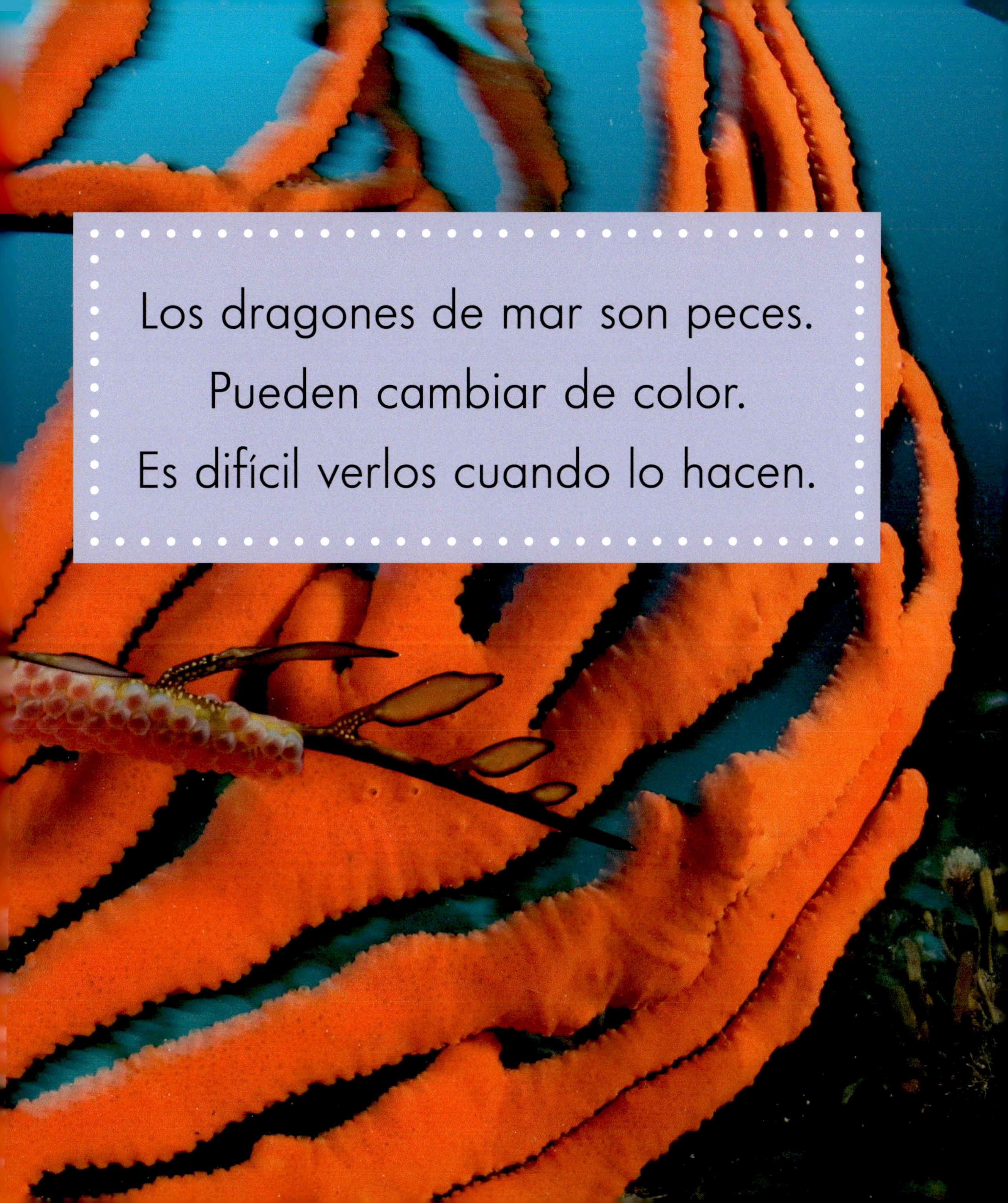

Los dragones de mar son peces.
Pueden cambiar de color.
Es difícil verlos cuando lo hacen.

Mira las púas afiladas. Mantienen alejados a los enemigos.

Mira el hocico.
Aspira pequeños gusanos.
¡Qué rico!

hocico

Mira los huevos. Un macho los transporta en su cola. Lleva unos 250 huevos.

Los pequeños bebés viven por su cuenta. Se esconden para mantenerse a salvo.

aletas foliáceas

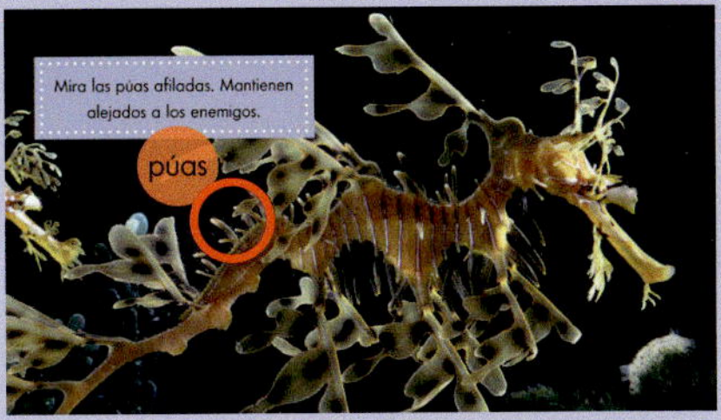

púas

¿Lo encontraste?

hocico

huevos

Spot es una publicación de Amicus y Amicus Ink
P.O. Box 227, Mankato, MN 56002
www.amicuspublishing.us

Library of Congress Cataloging-in-Publication Data
Names: Schuh, Mari C., 1975- author.
Title: Los dragones de mar / by Mari Schuh.
Other titles: Sea dragons. Spanish
Description: Mankato : Amicus, [2021] | Series: Spot animales del océano | Audience: Ages 4–7 | Audience: Grades K–1
Identifiers: LCCN 2019050227 (print) | LCCN 2019050228 (ebook) | ISBN 9781645492368 (library binding) | ISBN 9781681527390 (paperback) | ISBN 9781645492429 (pdf)
Subjects: LCSH: Seadragons—Juvenile literature.
Classification: LCC QL638.S9 S3818 2021 (print) | LCC QL638.S9 (ebook) | DDC 597/.679–dc23

Alissa Thielges, editora
Deb Miner, diseñadora de la serie
Ciara Beitlich, diseñadora de libro
Bridget Prehn, investigación fotográfica

Créditos de las imágenes Minden/Gary Bell/Oceanwide cover, 16; Getty/Pere Soler 1; Alamy/James Peake 3; iStock/barbaraaaa 4–5; Minden/Jurgen Freund 6–7; Nat Geo/Paul Zahl 8–9; Shutterstock/Alexius Sutandio 10–11; Minden/Paulo de Oliveira 12–13; Image Quest/John C. Lewis/Blue Planet Archive 14–15